Bibliografische Information der Deutschen Nationalbibliothek:

Die Deutsche Bibliothek verzeichnet diese Publikation in der Deutschen National-
bibliografie; detaillierte bibliografische Daten sind im Internet über http://dnb.d-
nb.de/ abrufbar.

Impressum:

Copyright © 2018 GRIN Verlag
Druck und Bindung: Books on Demand GmbH, Norderstedt Germany
ISBN: 9783668913516

Dieses Buch bei GRIN:

https://www.grin.com/document/459801

Ady Seck

Was unterscheidet Teslas Model 3 von deutschen Konkurrenzfahrzeugen? Welche Komponenten kennzeichnen den Antriebsstrang?

GRIN Verlag

Seminararbeit

Was unterscheidet Teslas Model 3 von deutschen Konkurrenzfahrzeugen? Welche Komponenten kennzeichnen den Antriebsstrang?

Master-Maschinenbau, Hochschule Hannover, Seminar Antriebstechnik

Verfasser: Ady Seck

Abgabedatum: 25.05.2018

Inhaltsverzeichnis

Abbildungsverzeichnis

Tabellenverzeichnis

1 Einleitung

Die Automobilität und ihre Antriebstechnologien befinden sich weltweit im Wandel. Aufgrund der klimaschützenden Gesetzgebung durch die Politik, der ökologischen Kundenanforderungen und der sinkenden Verfügbarkeit fossiler Kraftstoffe resultieren Forderungen nach sparsameren und umweltfreundlicheren Fahrzeugen. [1] Mit einem Anteil von 96% aller Pkws ist in Deutschland die vorherrschende Antriebstechnologie der Verbrennungsmotor. Der restliche Anteil verteilt sich auf alternative Antriebe wie Brennstoffzellen, Hybridkonzepte und rein batteriebetriebene Fahrzeuge. [2] Bis 2030 fordert die EU-Kommission einen 30 % geringeren CO_2-Ausstoß für Neuwagen gegenüber dem Jahr 2021. Bei Nichteinhaltung der CO_2-Ziele im Flottendurchschnitt drohen den europäischen Automobilherstellern empfindliche finanzielle Sanktionen. Durch diese Gesetzgebung sind die Automobilhersteller gezwungen, den CO_2-Ausstoß ihrer Fahrzeuge zu verringern. Dieses Ziel kann nur durch die Entwicklung und den Ausbau alternativer Antriebstechnologien erreicht werden. [3] Die Unternehmensberatung Deloitte prognostiziert, dass zur Erreichung der Klimaziele im Jahr 2030 der Anteil an Verbrennungsmotoren bei Pkw-Neuzulassungen nur noch 24 % betragen und der restliche Anteil auf alternative Antriebstechnologien verteilt wird. Bei der Prognose fällt mit 41 % ein sehr großer Anteil auf rein batteriebetriebene Elektrofahrzeuge. [2]

Vor allem zum Erreichen der Klimaziele, muss in naher Zukunft die Sparte der BEV (Batterie-Electric-Vehikel) ausgebaut werden. Die deutschen Autohersteller haben bisher nur eine sehr geringe Anzahl an serienreifen BEV entwickelt. Ein Vorreiter rein elektrisch betriebener Pkws ist der US-amerikanische Automobilhersteller Tesla. Das Unternehmen besteht seit 2003 und hat vor allem Elektroautos im Segment der Oberklasse angeboten, wie das Model S und Model X. Nun hat Tesla das neue massentaugliche Elektroauto Model 3 entwickelt und produziert es bereits in Serie. [4]

In der vorliegenden Seminararbeit wird ein Vergleich zwischen dem Elektroauto Tesla Model 3 und deutschen Konkurrenzfahrzeugen durchgeführt. Als Vergleichskriterien werden allgemeine technische Daten und die Komponenten des Antriebsstrangs betrachtet. Insbesondere werden die Unterschiede im Antriebsstrang und deren Komponenten herausgestellt.

2 Vorstellung - Tesla Model 3

Das Besondere an dem Model 3 ist, dass dieses Fahrzeug (5-Sitzer) im Mittelklassesegment angeordnet. Es bietet solide Fahrleistungen, Reichweiten über 300 km und ein ansprechendes Design bietet. Die günstigste Variante soll bald für einen Preis von 35.000 US Dollar erhältlich sein. [5] Aus diesen genannten Gründen besteht ein regelrechter Hype um das Model 3. Die Anzahl der vorbestellten Model 3 liegt weltweit bei über 400.000 Stück. [6] Die Einzige Herausforderung von Tesla besteht darin, dass die Produktionslinien noch nicht für eine so hohe Stückzahl ausgelegt sind und die Kunden bis zu 18 Monate auf ihre bestellten Fahrzeuge warten müssen. Tesla arbeitet deshalb intensiv daran die Produktionszahlen des Model 3 in den nächsten Jahren stetig zu steigern. Einerseits durch neue Produktionsstätten und andererseits einen hohen Grad an Automatisierung in den Produktionslinien. [5]

In diesem Kapitel wird auf die allgemeinen Fahrzeugdaten des Tesla Model 3 (Abbildung 1) eingegangen. Des Weiteren werden der Aufbau des Fahrgestells und die Komponenten im Antriebsstrang erläutert.

Abbildung 1: Tesla Model 3 [7]

2.1 Fahrzeugdaten

Das Tesla Model 3 ist bisher in zwei Varianten erhältlich. Die Variante mit der Standard-Batterie von 50 kWh Batteriekapazität verfügt über eine Reichweite von 350 km nach dem US-Zyklus EPA (Environmental **P**rotection **A**gency). Die zweite Variante verfügt über eine Long-Range Batterie von 75 kWh mit einer Reichweite von bis zu 500 km. [8]

Tabelle 1: Tesla Model 3 Fahrzeugdaten der zwei Varianten [8]

	Standard Battery	Long Range Battery
Preis	35.000 $ (ca. 37.000 €)	44.000 $ (ca. 49.000 €)
Batteriekapazität	50 kWh	75 kWh
Reichweite (EPA-Zyklus)	350 km	500 km
Stromverbrauch (komb.)	14,1 kWh/100 km	15,0 kWh/100 km
Ladedauer (Supercharger)	210 km Reichweite/30 Min.	275 km Reichweite/30 Min.
Ladedauer (Steckdose)	48 km Reichweite/Std. (32 A)	60 km Reichweite/Std. (40 A)
Antriebsart	Heckantrieb	
Max. Leistung	165 kW (224 PS)	192 kW (261 PS)
Drehmoment	370 Nm	370 Nm
Höchstgeschwindigkeit	209 km/h	225 km/h
0 – 100 km/h	5,6 s	5,1 s
Leergewicht	1610 kg	1730 kg
Abmessungen (L/B/H)	4.694/1.849/1.443 mm	
cw-Wert	0,23	
Hersteller-Garantie	4 Jahre/80.000 km	
Akku-Garantie	8 Jahre/160.000 km	8 Jahre/192.000 km

2.2 Fahrzeugaufbau und Antriebsstrang

Das Tesla Model 3 wird auf Teslas Fahrzeug-Plattform der dritten Generation gebaut. Diese Plattform hat das Ziel, den Einstiegspreis für BEV-Fahrzeuge stark zu reduzieren und trotzdem einen hohen Grad an Fahrzeugleistungen und eine hohe Reichweite zu erreichen. Die Plattform besteht aus dem Fahrwerk an dem der Elektromotor sitzt und einem Akkupack für die Stromversorgung. Die Fahrwerkskomponenten mit Federung, Querlenker, Stoßdämpfer und die Bremsen sind über ein Achsgestell jeweils für Vorder- und Hinterachse mit dem Akkupack verschraubt (s. Abbildung 2). Auf diese Plattform wird die Karosserie des Model 3 gesetzt. [9]

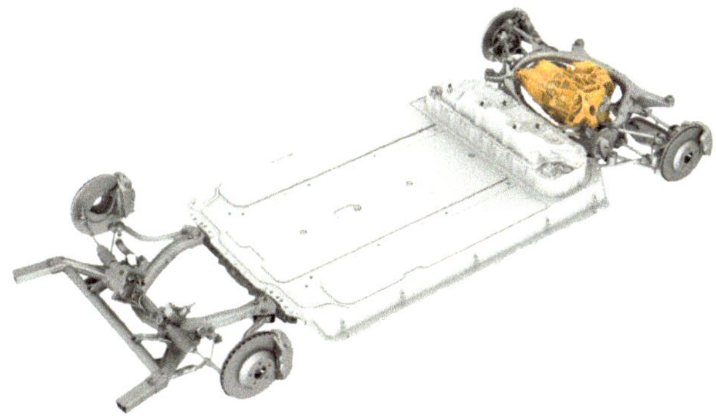

Abbildung 2: Plattform Model 3 mit Akkupack, Elektromotor und Fahrwerk [10]

Karosserie

Bisher wurde bei den Oberklassemodellen Model S und Model X die Karosserie hauptsächlich aus Aluminiumteilen gefertigt. Mit dem geringen Gewicht der Karosserie konnte das hohe -Gewicht des Akkupacks ausgeglichen werden. Beim Model 3 dagegen besteht die Karosserie aus einer Kombination von verschiedenen Stahllegierungen und einer geringen Anzahl an Aluminiumteilen. Aluminium bietet einen großen Gewichtsvorteil gegenüber Stahl. Der Nachteil beim Einsatz von Aluminium ist, dass der Rohstoff, die Fertigung und auch die Reparatur deutlich kostenintensiver gegenüber dem Werkstoff Stahl sind. Deshalb wurde beim Model 3 ein hoher Stahlanteil bei der Karosserie verwendet, wodurch das Verhältnis zwischen Kosten und Gewicht optimiert wurde. [11]

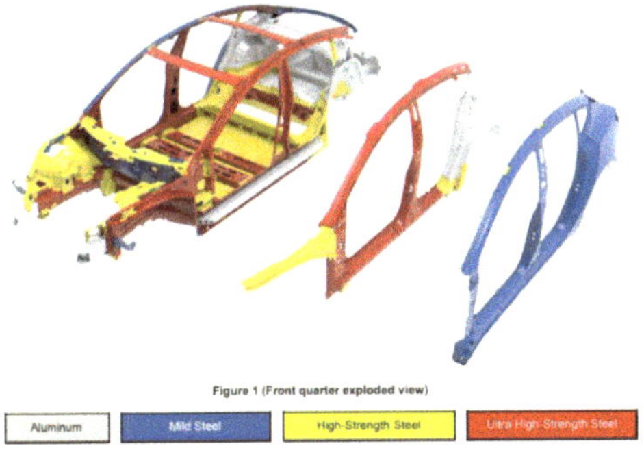

Abbildung 3: Tesla Model 3 Karosserie Stahl-Alu Mix [11]

Akkupack

Der relativ schwere Akkupack vom Model 3 ist sehr tief eingebaut und erstreckt sich fast über den gesamten Fahrzeugboden verteilt. Dadurch liegt der Schwerpunkt des Fahrzeugs sogar unter den Fahrzeugachsen (s. Abbildung 4). Diese Lage des Akkupacks wirkt sich positiv auf das Fahrverhalten aus, z.B. wird eine gute Kurvenstabilität ermöglicht. [9]

Abbildung 4: Tesla Model 3 Lage des Akkupacks [10]

Im Akkupack des Model 3 mit Standard 50 kWh - Batterie befinden sich 2.976 Batteriezellen des Typs 21 70 (mit 21 mm Durchmesser und 70 mm Höhe). Jeweils 31 von den Batteriezellen sind zu einem Batteriezellenblock gruppiert. Die Batterieblöcke werden in vier separate Batteriemodule (außen 2 Module mit 23 Blöcken, innen 2 Module mit 25 Blöcken) zusammengefasst (s. Abbildung 5). Die Long-Range 75 kWh – Batterie umfasst 4416 Batteriezellen des gleichen Typs mit einer Blockgröße von 46 Zellen und derselben Blockverteilung pro Modul. Für die Sicherheit ist ein Pyro-Trennschalter zwischen Modul 2 und 3 installiert, der z.B. bei Brandgefahr nach einem Unfall die Spanungsversorgung trennen kann. [12]

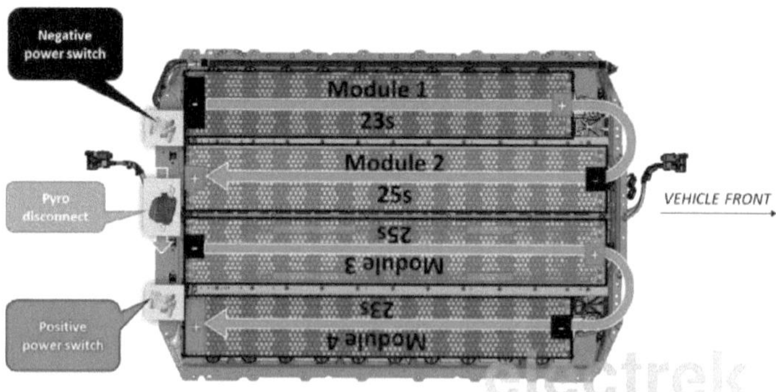

Abbildung 5: Akkupack Modulaufbau [12]

Des Weiteren befindet sich am Akkupack die zugehörige Leistungselektronik mit elektronischen Hochvolt-Komponenten zur Steuerung des Elektromotors. Hier befindet sich auch das Batteriemanagement, die Kühlung sowie die Heizung. [12]

Abbildung 6: Akkupack mit Leistungselektronik [12]

Elektromotor und Hochvoltkomponenten

Im Tesla Model 3 wird ein neuentwickelter Permanent Magnet Motor verwendet, der effizienter und kostengünstiger sind als die von Tesla bisher verwendeten dreiphasigen Wechselstrom Induktionsmotoren sind. Genauere Details zur Art des Elektromotors sind noch nicht bekannt. Der Elektromotor des Model 3 befindet sich mittig zwischen den Hinterrädern und treibt diese im Verbund mit einem Eingang-Getriebe mit starrem Gang an. [13] Zu der Heckantriebsversion soll zukünftig noch eine Allradversion mit Dual-Motor des Model 3 auf den Markt kommen, bei der sich jeweils ein Elektromotor zwischen den Vorder- und Hinterrädern befindet. [14]

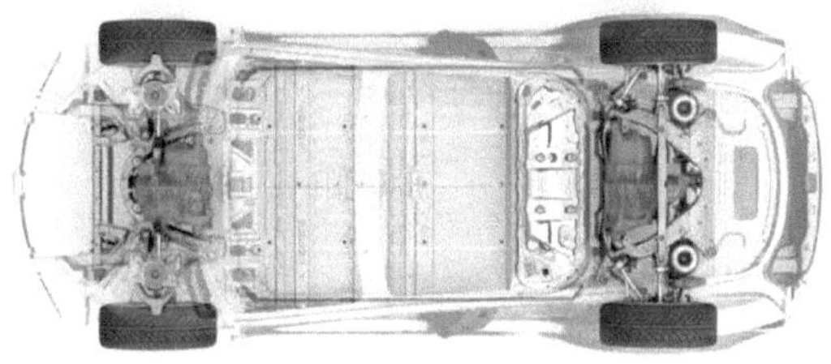

Abbildung 7: Dual-Motor Version Model 3 [14]

Der Elektromotor (5 - Abbildung 8) wird von dem Akkupack über ein Hochvoltkabel mit Strom versorgt dabei steuert die Leistungselektronik (4 - Abbildung 8) die Stromversorgung mit entsprechender Software. Der Elektromotor treibt die Hinterräder über das Eingang-Getriebe mit einem festen Übersetzungsverhältnis an. Der Elektromotor wird gleichzeitig als Generator zur Rekuperation der Bremsenergie genutzt. In der Front befindet sich ein Klimakompressor (1 - Abbildung 8) und ein Kabinenheizgerät (2 - Abbildung 8), die vom Akkupack mit Strom versorgt werden. Ein Typ-2 Ladeanschluss (7 - Abbildung 8)zum Aufladen der Batteriemodule befindet sich seitlich am Heck des Fahrzeugs. [9] [10]

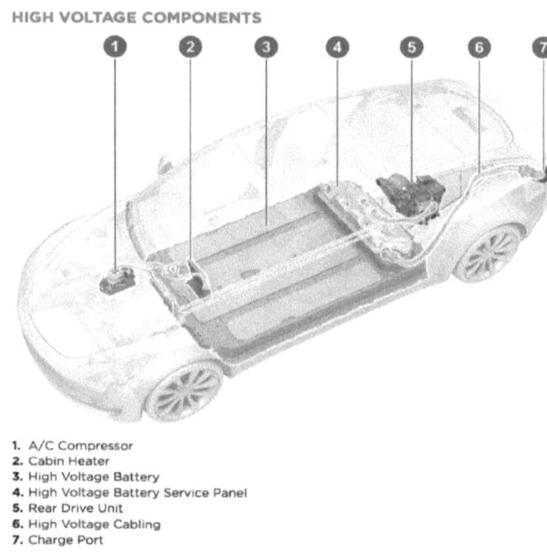

Abbildung 8: Hochvoltkomponenten beim Model 3 [10]

3 Deutsche Konkurrenzfahrzeuge im Vergleich zum Tesla Model 3

Die zurzeit erwerbbaren BEV-Fahrzeuge der deutschen Automobilhersteller, die mit dem Tesla Model 3 direkt konkurrieren, sind der Opel Ampera e und der VW e-Golf. Die Elektrofahrzeuge sind alles in Serie produzierte 5-Türer und ordnen sich in einem ähnlichen Preissegment von 35.900 € bis 42.990 € in der Basisversion an. Diese Konkurrenzfahrzeuge werden in ihrem Aufbau und Antriebskonzept kurz vorgestellt.

3.1 Opel Ampera e

Der Opel Ampera e (s. Abbildung 9) wurde 2017 dem Markt vorgestellt und kann seit Januar 2018 in Deutschland als ULTIMATE Edition für 48.385 € bestellt werden. Aufgrund der hohen Nachfrage des Modells, kommt es zu einer Lieferdauer von mindestens vier Monaten. Die günstigere Basisversion für 42.990 € wird wahrscheinlich erst im zweiten Halbjahr des Jahres 2018 bestellbar sein. [15]

Abbildung 9: Opel Ampera e [16]

3.1.1 Fahrzeugdaten

Der Opel Ampera e ist in zwei Ausstattungsvarianten erhältlich, die jedoch dieselben Fahrleistungen bieten. Die 60 kWh-Batterie liefert Energie für eine Reichweite von 383 km (EPA-Zyklus). [15] Die gesamten Fahrzeugdaten vom Opel Ampera e sind im Vergleich zum Tesla Model 3 (Long Range Battery) in

Tabelle 2 dargestellt. Die Long Range-Variante des Model 3 wurde für den Vergleich herangezogen, da die Standard-Variante noch nicht produziert und somit auch nicht erhältlich ist.

Tabelle 2: Fahrzeugdaten Opel Ampera e im Vergleich zum Tesla Model 3 [15]

	Opel Ampera e	Tesla Model 3 Long Range Battery
Preis	ab 42.990 €	44.000 $ (ca. 49.000 €)
Batteriekapazität	60 kWh Li-Ion	75 kWh Li-Ion
Reichweite (EPA)	383 km	500 km
Stromverbrauch (komb.)	14,5 kWh/100 km	15,0 kWh/100 km
Ladedauer (Steckdose)	26 Std	32 Std.
Ladedauer (Typ 2)	14 Std. (4,6 kW, 1-phasig, 16 A)	8 Std. (11 kW, 3-phasig, 20 A)
Kürzeste Ladedauer	77 Min (CCS 50 kW)	54 Min (Tesla Supercharger 145 kW)
Antriebsart	Frontantrieb	Heckantrieb
Max. Leistung	150 kW (204 PS)	192 kW (261 PS)
Max. Drehmoment	360 Nm	370 Nm
Höchstgeschwindigkeit	150 km/h (begrenzt)	225 km/h (begrenzt)
0 – 100 km/h	7,3 s	5,1 s
Leergewicht	1691 kg	1730 kg
Abmessungen (L/B/H)	4.164/1.854/1.594 mm	4.694/1.849/1.443 mm
cw-Wert	0,317	0,23
Hersteller-Garantie	2 Jahre/ unbegrenzt	4 Jahre/80.000 km
Akku-Garantie	8 Jahre/160.000 km	8 Jahre/192.000 km

3.1.2 Fahrzeugaufbau und Antriebsstrang

Der frontangetriebene Opel Ampera e besteht, ähnlich wie der Tesla Model 3, aus einer Plattform mit dem Batteriepaket, den Fahrwerkskomponenten, dem Elektromotor und allen weiteren elektronischen Komponenten für den Antrieb. Die große und schwere 60 kWh-Batterie ist am Fahrzeugboden zwischen den Achsen in die Fahrzeugstruktur integriert. Durch diese Unterflurbauweise wird die Fahrdynamik verbessert und der Platz im Innenraum vergrößert. [17]

Abbildung 10: Opel Ampera e - Plattform [18]

Karosserie

Opel setzt bei der Karosserie wie Tesla auf eine Werkstoffkombination, um eine hohe Stabilität bei geringem Gewicht und bei Kosteneffizienz zu erreichen.

Die Karosserie besteht zu ca. 81,5 % aus hochfesten und ultrahochfesten Stählen. Der restliche Anteil ist aus Aluminium gefertigt, wie die Türen, Motorhaube und die Heckklappe. [19]

Batterie

Der Aufbau und die Anordnung des Batteriepakets im Fahrzeug unterscheidet sich kaum von dem des Tesla Model 3. Es werden auch Batteriezellen auf Lithium-Basis verwendet, die auf mehrere Module verteilt sind (s. Abbildung 11).

Das verbaute 60 kWh-Batteriepaket hat ein Gewicht von 430 kg (Energiedichte 140 Wh/kg) und besteht insgesamt aus 288 Akkuzellen. Die chemische Zusammensetzung der Zellen besteht aus Lithium-Nickel-Kobalt-Mangan und die Größe einer Zelle beträgt 99,7 x 338 mm. Die Zellen sind in polymerbeschichteten Aluminiumgehäusen eingeschlossen und verteilen sich auf acht Module zu je 30 Zellen und zwei weitere Module zu je 24 Zellen. Für die Kühlung und Heizung des Batteriepakets ist ein Thermomanagementsystem verbaut, welches Flüssigkeit durch mehrere Wärmetauscher zirkulieren lässt. Dies ermöglicht einen zuverlässigen Betrieb bei unterschiedlichen Umgebungsbedingungen im Sommer und Winter. [20]

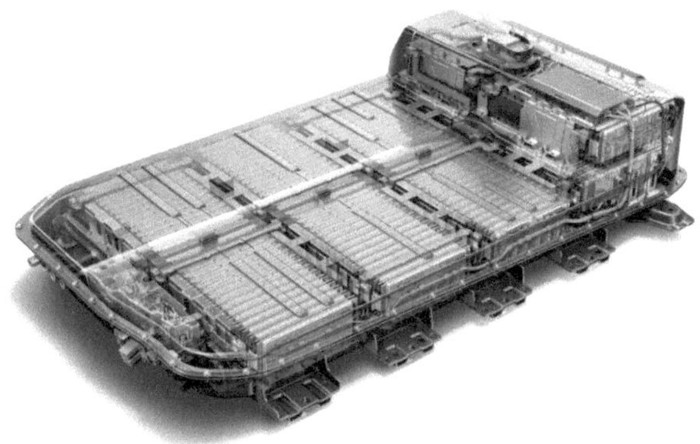

Abbildung 11: Opel Ampera e - Batteriepaket [21]

Elektromotor und Hochvoltkomponenten

Insgesamt setzt der Opel Ampera e auf eine ähnliche Technik wie der Tesla Model 3.

Der Elektromotor mit elektronischem Automatikgetriebe, die Klimaanlage, das Kühlungssystem für den Antrieb und weiter Hochvoltkomponenten befinden sich beim Ampera e im Frontbereich. Des Weiteren ist eine Leistungselektronik für die Steuerung und das Thermomanagement der Batteriemodule verbaut (s. Abbildung 12). [18]

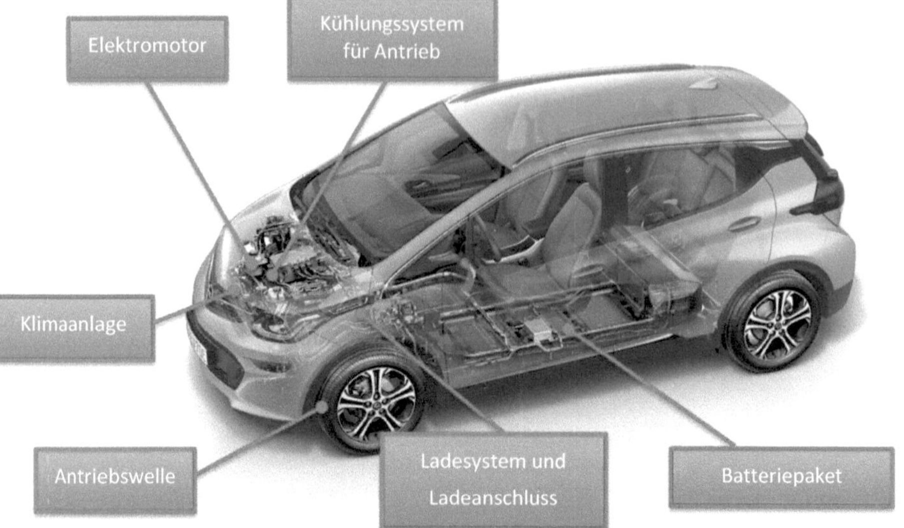

Abbildung 12: Opel Ampera e - Fahrzeugaufbau [22] [23]

Der Frontantrieb des Ampera e erfolgt über einen Permanentmagnet-Synchronmotor (IPMS), der auf der Vorderachse sitzt. Der gewichtsoptimierte Elektromotor generiert eine Leistung von 150 kW und ein Drehmoment von 360 Nm. Die Räder werden über ein kompaktes elektronisches Automatikgetriebe mit einer Übersetzung von 7,05:1 angetrieben. Der Elektromotor dient gleichzeitig als Generator und unterstützt die Rekuperation der Bremsenergie in verschiedenen Modi. [20]

3.1.3 Fazit - Vergleich Opel Ampera e und Tesla Model 3

Der Opel Ampera e erreicht im Vergleich zum Tesla Model 3 (Long Range) eine geringere Reichweite und geringere Leistungsdaten. Trotzdem kann der Ampera e mit dem Model 3 in Konkurrenz treten, denn mit einer Reichweite von 380 km (EPA-Zyklus) liegt der Ampera e mit an der Spitze auf dem Elektroautomarkt. Der Ampera e übertrifft sogar die Reichweite des Model 3 in der Standard-Variante (350 km nach EPA-Zyklus).

Der Aufbau der Batterie und des Antriebsstrangs ähneln sich. Opel setzt auf einen Frontantrieb, bei dem der Elektromotor sowie die weiteren Komponenten in der Front, wie bei einem klassischen Fahrzeug mit Verbrennungsmotor, angeordnet sind. Tesla setzt beim Model 3 dagegen auf einen Heckantrieb (evtl. auch Allrad), bei dem der Elektromotor und die Hochvoltkomponenten nicht zentral angeordnet, sondern im Fahrzeug verteilt sind (Abbildung 8).

Mit dem Ampera e setzt Opel auf ein weniger sportlich ausgelegtes Elektroauto, welches eine für den Alltag völlig ausreichende Reichweite besitzt und trotzdem dynamische Fahrwerte aufweisen kann. Der Ampera e entspricht einer Mischung aus Minivan und Kompakt-SUV mit einem großen Raumangebot, einer hohen Sitzposition und einem klassischen Design. Dagegen ist der Tesla Model 3 sehr sportlich ausgelegt, sowohl bezüglich der Fahrdynamik und des Designs. Preislich ist der Opel Ampera etwas günstiger als das Tesla Model 3 (Long Range) und etwas teurer als die Standard-Variante des Model 3.

Der Opel Ampera e ist mit einem relativ geringen Preis, einer angemessenen Reichweite und hohen Alltagstauglichkeit derzeit die größte Alternative zum Tesla Model 3 unter den deutschen Elektroautos.

3.2 VW e-Golf

Der Volkswagen Konzern produziert den e-Golf seit 2014 und hat im Jahr 2017 ein Facelift mit gesteigerter Batteriekapazität und höherer Reichweite auf den Markt gebracht. Den neuen VW e-Golf (s. Abbildung 13) gibt es nur in einer Variante. Das Fahrzeug ist in der Basisversion ab 35.900 € erhältlich. [24] Die Lieferzeit für einen VW e-Golf beläuft sich auf bis zu elf Monate, da VW der seit 2018 gestiegenen Anzahl an Bestellungen mit der Produktion nicht gerecht wird. [25]

Abbildung 13: VW e-Golf [24]

3.2.1 Fahrzeugdaten

Der VW e-Golf erreicht eine realistische Reichweite von 200 km nach dem EPA-Zyklus bei einer Batteriekapazität von 35,8 kWh. Die gesamten Fahrzeugdaten des VW e-Golf sind im Vergleich zum Tesla Model 3 (Long Range) in folgender Tabelle 3 dargestellt.

Tabelle 3: Fahrzeugdaten VW e-Golf im Vergleich zum Tesla Model 3 [24]

	VW e-Golf	Tesla Model 3 Long Range Battery
Preis	ab 35.900 €	44.000 $ (ca. 49.000 €)
Batteriekapazität	35,8 kWh Li-Ion	75 kWh Li-Ion
Reichweite (EPA)	200 km	500 km
Stromverbrauch (komb.)	12,7 kWh/100 km	15,0 kWh/100 km
Ladedauer (Steckdose)	17 Std	32 Std.
Ladedauer (Typ 2)	ca. 5 h (7,2 kW, 1-phasig, 16 A)	ca. 8 h (11 kW, 3-phasig, 20 A)
Kürzeste Ladedauer	Ca. 1 h (CCS 40 kW)	54 Min (Tesla Supercharger 145 kW)
Antriebsart	Frontantrieb	Heckantrieb
Max. Leistung	100 kW (136 PS)	192 kW (261 PS)
Max. Drehmoment	290 Nm	370 Nm
Höchstgeschwindigkeit	150 km/h (begrenzt)	225 km/h (begrenzt)
0 – 100 km/h	9,6 s	5,1 s
Leergewicht	1615 kg	1730 kg
Abmessungen (L/B/H)	4.270/1.799/1.482 mm	4.694/1.849/1.443 mm
cw-Wert	0,27	0,23
Hersteller-Garantie	2 Jahre/ unbegrenzt	4 Jahre/80.000 km
Akku-Garantie	8 Jahre/160.000 km	8 Jahre/192.000 km

3.2.2 Fahrzeugaufbau und Antriebsstrang

Im Unterschied zum Tesla Model 3 wurde der e-Golf nicht komplett neu konzipiert und keine neue eigene Plattform für das Elektroauto entwickelt.

Der VW e-Golf ist nach dem Modularen Querbaukasten (MQB) von Volkswagen aufgebaut (s. Abbildung 14), d.h. unter der VW Golf-Hülle ist es möglich, jede Art von Antriebsstrang mit relativ geringem Aufwand zu verbauen. Der e-Golf sieht deshalb aus wie jeder andere Golf mit Verbrennungsmotor. Unter der Hülle des e-Golf ist jedoch der Elektromotor, das Batteriepaket, die Hochvoltkomponenten sowie die Fahrwerkskomponenten. [26]

Abbildung 14: VW e-Golf – Fahrzeugaufbau [26]

Karosserie

Die Karosserie stammt vom VW-Golf 7 und wurde nicht verändert. Volkswagen setzt auf Leichtbau durch den Einsatz von hochfesten Stählen und alternativen Fertigungstechnologien. Im Gegensatz dazu wird bei Tesla bei der Herstellung der Karosserie zusätzlichen Aluminium verwendet. [27]

Batterie

Wie beim Tesla Model 3 ist die Batterie am Fahrzeugboden zwischen den 2 Achsen platziert. Jedoch ist das Batteriepaket beim e-Golf nicht so flach gebaut und nicht über die gesamte Bodenfläche verteilt, anders als beim Tesla Model 3 (s. Abbildung 15). Das 345 kg schwere Batteriepaket des e-Golf mit einer Kapazität von 35, 8 kWh besteht aus 264 Batteriezellen, die auf mehrere verbundene Module verteilt sind. Die Batteriezellen basieren auf der Lithiumtechnologie wie beim Tesla Model 3. [28]

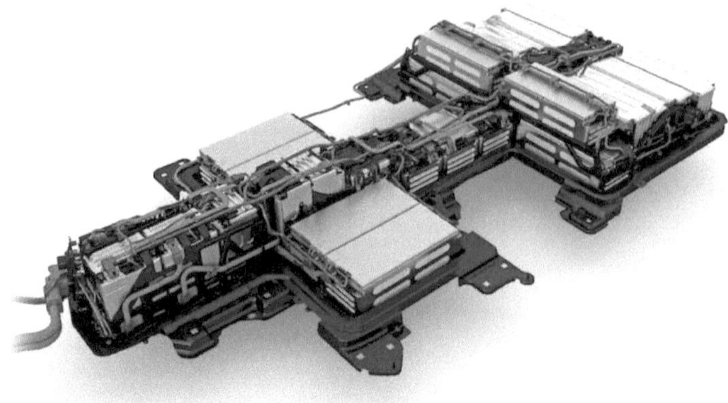

Abbildung 15: VW e-Golf - Batteriepaket [29]

Elektromotor und Hochvoltkomponenten

Im e-Golf sitzt der Elektromotor mit 100 kW und 290 Nm auf der Vorderachse. Die Kraft des permanenterregten Elektro-Synchronmotors (PSM) wird über ein einstufiges Automatikgetriebe mit fester Übersetzung angetrieben. Der Elektromotor dient auch beim e-Golf als Generator zur Rekuperation der Bremsenergie. Weiterhin befinden sich in der Front ein Klimakompressor, die Leistungselektronik, eine Wärmepumpe (nicht serienmäßig) und das Motorsteuergerät. Im Heck sind Hochvoltleitungen sowie das CCS-Ladesystem (nicht serienmäßig) mit dem Ladenanschluss verbaut (s. Abbildung 16).

Komponenten des e-Antriebs und des Hochvoltbatteriesystems im e-Golf

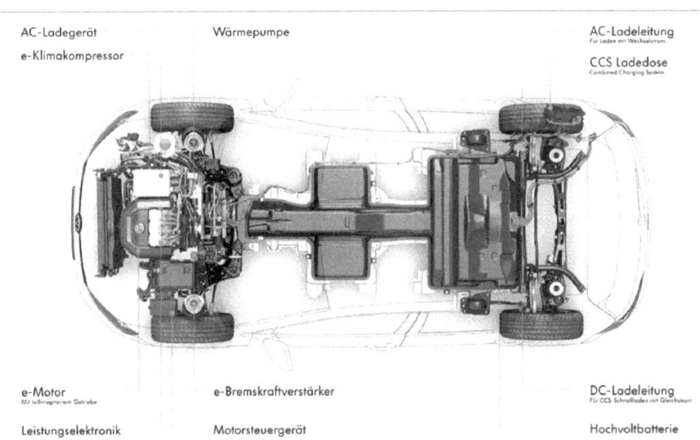

Abbildung 16: VW e-Golf - Elektromotor und Hochvoltkomponenten [30]

3.2.3 Fazit -Vergleich VW Golf e und Tesla Model 3

Der VW e-Golf erreicht mit 200 km (EPA-Zyklus) weniger als die Hälfte der Reichweite des Tesla Model 3 Long Range (500 km nach EPA-Zyklus). Auch die dynamischen Fahrdaten des VW e-Golf, wie Beschleunigung oder Höchstgeschwindigkeit, sind im Vergleich relativ schlecht (vgl.

Tabelle 2). Die Batteriekapazität ist deutlich zu gering ausgelegt, um hohe Reichweiten zu erreichen. Im Vergleich zur Reichweite anderer Elektroautos in derselben Preisklasse schneidet der VW e-Golf relativ schlecht ab. [31].

Die Anpassung des Antriebskonzepts auf den vermeintlich günstigeren Modularen Querbaukasten (MQB) wirkt sich negativ auf das Elektrofahrzeug aus. Die Größe der Batteriemodule und deren Lage sind dadurch vorgegeben. Auch die Positionierung der weiteren Hochvoltkomponenten ist durch den MQB eingeschränkt. Ein weiterer großer Nachteil ist ein fehlendes Kühlsystem für die Batterien, wodurch sich die Batteriekapazität bei zu hohen Temperaturen verringert [28].

Trotzdem ist der e-Golf mit einer Reichweite von 200 km, ausreichender Leistung und einem Basispreis von 35.900 € für den Alltag, besonders im Stadtverkehr, geeignet. In Konkurrenz zum Tesla Model 3 steht der e-Golf nur in geringem Maße. Der Tesla Model 3 ist ein grundlegend neu entwickeltes Elektrofahrzeug, bei dem die Plattform und die Karosserie auf das Antriebskonzept mit einem Elektromotor angepasst wurden. Ab 37.000 € bekommt man mit dem Tesla Model 3 (Standard-Variante) ein wesentlich ausgereifteres Elektrofahrzeug mit deutlich besseren Fahrleistungen und einer größeren Alltagstauglichkeit durch die höhere Reichweite.

4   Zusammenfassung und Ausblick

Die vorliegende Seminararbeit hat Unterschiede zwischen dem Elektroauto Tesla Model 3 und den zwei deutschen Konkurrenzfahrzeugen betrachtet. Dabei wurden insbesondere die Unterschiede im Antriebsstrang der Fahrzeuge dargestellt. Einführend wurden allgemeine Infos und das Antriebskonzept des Tesla Model 3 vorgestellt. Anhand der Elektroautos Opel Ampera e und VW e-Golf wurde ein Vergleich der Fahrzeugdaten und des Antriebskonzepts angestellt.

Es hat sich herausgestellt, dass der Opel Ampera e zur Zeit einer der größten Konkurrenten in Bezug zum Tesla Model 3 darstellt. Opel hat ein neues Antriebskonzept entwickelt, welches sich durch gute Fahrleistungen und eine hohe Reichweite auszeichnet. Dabei geht Opel beim Ampera e einen ähnlichen Weg mit den verbauten Komponenten wie das Tesla Model 3, z.B. der Aufbau des Batteriepakets und dessen Kühlung und der Elektromotortyp (beides Permanentmagnet basiert). Der VW e-Golf dagegen stellt kaum eine Konkurrenz zum Tesla Model 3 dar. Die geringe Reichweite, relativ schlechte Fahrwerte und ein unausgereiftes Gesamtkonzept rücken den e-Golf und in den Hintergrund. Zusätzlich schneidet der e-Golf beim Vergleich der Kosten und der Leistung gegenüber dem Model 3 schlecht ab.

Abschließend lässt sich sagen, dass die deutschen Automobilhersteller in den nächsten Jahren mehr Konzepte für reine Elektroautos umsetzten müssen. Es gibt nur den Opel Ampera e der derzeit mit dem Tesla Model 3 konkurrieren kann. Die Nachfrage von Elektroautos steigt in Deutschland stetig an. Das Problem von Tesla, Volkswagen und Opel ist die Produktion ihrer Elektroautos, denn bei allen Herstellern ergeben sich lange Lieferzeiten über viele Monate. Die Hersteller in Deutschland müssen deshalb rechtzeitig ihre Produktionslinien für eine erhöhte Produktion von Elektrofahrzeugen mit reinem Batteriebetrieb auslegen und umrüsten, um in Zukunft wettbewerbsfähig sein zu können und der steigenden Nachfrage gerecht zu werden.

5 Literaturverzeichnis

[1] A. F. Henning Wallentowitz, „Treiber für Veränderungen," in *Strategien zur Elektrifizierung des Antriebsstranges: Technologien, Märkte und Implikationen*, Wiesbaden, Vieweg + Teubner Verlag, 2011, p. 3.

[2] G. Schmitt, „Antriebstechnik wandelt sich," *VDI-Nachrichten*, Nr. 09.02.2018, 2018.

[3] „30 Prozent weniger CO2 -EU Kommission beschließt Vorgaben für 2030," 08 11 2017. [Online]. Available: http://www.spiegel.de/auto/aktuell/eu-kommission-beschliesst-co2-vorgaben-fuer-2030-a-1177010.html. [Zugriff am 01 04 2018].

[4] „Unternehmen Tesla," [Online]. Available: https://www.gruenderszene.de/datenbank/unternehmen/tesla. [Zugriff am 02 04 2018].

[5] „Alle Infos zum Model 3," 03 05 2018. [Online]. Available: http://www.autobild.de/artikel/tesla-model-3-2017-infos-5215630.html. [Zugriff am 04 05 2018].

[6] „Tesla Model 3 mit Allradantrieb kommt nicht vor Juli," 09 04 2018. [Online]. Available:

https://www.electrive.net/2018/04/09/tesla-model-3-mit-allradantrieb-kommt-nicht-vor-juli/. [Zugriff am 15 04 2018].

[7]   „Customers Cancel Tesla Model 3 Reservations Due To Delays," [Online]. Available: https://carbuzz.com/news/customers-cancel-tesla-model-3-reservations-due-to-delays. [Zugriff am 13 04 2018].

[8]   „Tesla Model 3 technische Daten," 2018. [Online]. Available: https://www.model3.info/de/tesla-model-3-technische-daten. [Zugriff am 16 04 2018].

[9]   „Tesla Model 3 Aufbau," 2017. [Online]. Available: http://tesla3.de/tesla_model_3_aufbau.html. [Zugriff am 16 04 2018].

[10] F. Lambert, „Tesla Model 3: interesting look at powertrain and chassis through first responders guide," 22 08 2017. [Online]. Available: https://electrek.co/2017/09/22/tesla-model-3-powertrain-chassis-first-responders-guide/. [Zugriff am 16 04 2018].

[11] F. Lampert, „Tesla Model 3: here's the alloy mix of the Model 3 body," 22 08 2017. [Online]. Available: https://electrek.co/2017/08/22/tesla-model-3-body-alloy-mix/. [Zugriff am 16 04 2018].

[12] F. Lambert, „Tesla Model 3: Exclusive first look at Tesla's new battery pack architecture," 24 08 2017. [Online]. Available: https://electrek.co/2017/08/24/tesla-model-3-exclusive-battery-pack-architecture/. [Zugriff am 17 04 2018].

[13] S. Bakker, „Tesla Model 3 Motor — Everything I've Been Able To Learn About It (Welcome To The Machine)," 11 03 2018. [Online]. Available: https://cleantechnica.com/2018/03/11/tesla-model-3-motor-in-depth/. [Zugriff am 17 04 2018].

[14] R. Whitwam, „Dual-Motor Tesla Model 3 Production Should Start This Summer," 11 04 2018. [Online]. Available: https://www.extremetech.com/extreme/267299-dual-motor-tesla-model-3-production-should-start-this-summer. [Zugriff am 17 04 2018].

[15] M. Artmann, „Opel Ampera-e (2017) | Elektroauto im Vergleich," 02 03 2018. [Online]. Available: https://www.homeandsmart.de/opel-ampera-e-elektro-elektroauto-reichweite-preis-uebersicht. [Zugriff am 05 05 2018].

[16] „Opel Ampera-e: Verkaufsstart in der Schweiz," 16 06 2017. [Online]. Available: http://www.rundschaumedien.ch/energie/opel-ampera-e-verkaufsstart-in-der-schweiz/. [Zugriff am 05 05 2018].

[17] G. Stegmeier, „ELEKTROAUTO OPEL AMPERA-E (2018)," 2018. [Online]. Available: https://www.auto-motor-und-sport.de/news/opel-ampera-e-2018-preis-lieferzeit-reichweite-praxis-video/. [Zugriff am 11 05 2018].

[18] „Autogramm Opel Ampera E: Mission Possible," 15 05 2017. [Online]. Available: http://www.spiegel.de/fotostrecke/opel-ampera-e-mission-possible-fotostrecke-144744-7.html. [Zugriff am 05 05 2018].

[19] Opel GmbH, „Opel Ampera-e: Elektromobilität für alle," 24 04 2017. [Online]. Available: http://media.opel.de/media/de/de/opel/press-kits.detail.html/content/Pages/presskits/de/de/2017/opel/04-24-ampera-e-new-way-of-driving.html. [Zugriff am 11 05 2018].

[20] A. Burkert, „Der Ampera-e meistert mit Bravour die Langstrecke," 24 04 2017. [Online]. Available: https://www.springerprofessional.de/elektrofahrzeuge/batterie/der-ampera-e-meistert-mit-bravour-die-langstrecke/12241526. [Zugriff am 11 05 2018].

[21] „Opel Ampera-e: Gewaltiger Blitz," 02 02 2017. [Online]. Available: https://www.automobil-produktion.de/hersteller/neue-modelle/opel-ampera-e-gewaltiger-blitz-258.html. [Zugriff am 05 05 2018].

[22] S. (. Specht), „SUV, CUV und ein Elektroauto," 2017. [Online]. Available: https://www.motor-talk.de/news/suv-cuv-und-ein-elektroauto-t5821889.html. [Zugriff am 10 05 2018].

[23] T. Derouin, „FULL STUDY "ENERGY MANAGEMENT"," 11 2017. [Online]. Available: http://adaccess.online/wp-content/uploads/2017/09/ADACCESS_Shared_project_OPEL_Ampera-e.pdf. [Zugriff am 11 05 2018].

[24] S. Nowosak, „Vergleich Elektroauto VW e-Golf," 06 02 2018. [Online]. Available: https://www.homeandsmart.de/elektroauto-vw-e-golf-infos-preis-reichweite. [Zugriff am 12 05 2018].

[25] handelsblatt, „Exclusiv: E-Golf ist für diese Jahr ausverkauft," 01 2018. [Online]. Available: https://edison.handelsblatt.com/erklaeren/exklusiv-e-golf-ist-fuer-dieses-jahr-ausverkauft/20904414.html?ticket=ST-1206514-vTWlDkEQfdju7pY4RpVM-ap1. [Zugriff am 12 05 2018].

[26] K. Justen, „VW e-Golf: Er kann jetzt länger und besser," 21 04 2017. [Online]. Available:

https://auto360.de/vw-e-golf-er-kann-jetzt-laenger-und-besser. [Zugriff am 12 05 2018].

[27] Sportpress, „Mehr Reichweite, aber nicht genug," 11 04 2017. [Online]. Available: https://www.wiwo.de/unternehmen/auto/ueberarbeiteter-vw-e-golf-mehr-reichweite-aber-nicht-genug/19637220.html. [Zugriff am 13 05 2018].

[28] „Stromer-Kompromiss: Neuer VW e-Golf im Fahrbericht," 05 04 2017. [Online]. Available: https://www.electrive.net/2017/04/05/stromer-kompromiss-neuer-vw-e-golf-im-fahrbericht/. [Zugriff am 12 05 2018].

[29] F. Meßner, „VW e-Golf Facelift Fahrbericht," 22 08 2017. [Online]. Available: https://autophorie.de/2017/08/22/test-vw-e-golf-facelift/. [Zugriff am 12 05 2018].

[30] „VW e-Golf im Test: Die Kaufprämie für den Volks-Stromer," 23 05 2016. [Online]. Available: https://www.meinauto.de/testberichte/vw-e-golf-im-test-die-kaufpramie-fur-den-volks-stromer. [Zugriff am 12 05 2018].

[31] S. Nowosak, „Elektroauto im Vergleich," 25 04 2018. [Online]. Available: https://www.homeandsmart.de/die-top10-reichweiten-liste-von-elektroautos. [Zugriff am 13 05 2018].

[32] „IAA 2017: Die Stromer kommen," 2017. [Online]. Available: https://www.focus.de/auto/elektroauto/iaa-2017-elektroautos-800-kilometer-reichweite-in-aussicht-ab-2020-kommt-die-elektro-wende_id_7524911.html. [Zugriff am 15 04 2018].